U0384899

优秀技术工人
百工百法丛书

秦钦工作法

矿井安全监控设备辅助安装及故障分析处理

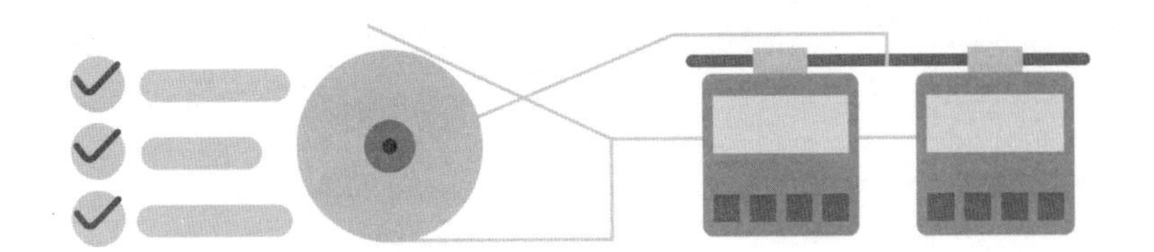

中华全国总工会 组织编写

秦 钦 著

中国工人出版社

技术工人队伍是支撑中国制造、中国创造的重要力量。我国工人阶级和广大劳动群众要大力弘扬劳模精神、劳动精神、工匠精神，适应当今世界科技革命和产业变革的需要，勤学苦练、深入钻研，勇于创新、敢为人先，不断提高技术技能水平，为推动高质量发展、实施制造强国战略、全面建设社会主义现代化国家贡献智慧和力量。

——习近平致首届大国工匠创新交流大会的贺信

优秀技术工人百工百法丛书

编委会

序

党的二十大擘画了全面建设社会主义现代化国家、全面推进中华民族伟大复兴的宏伟蓝图。要把宏伟蓝图变成美好现实，根本上要靠包括工人阶级在内的全体人民的劳动、创造、奉献，高质量发展更离不开一支高素质的技术工人队伍。

党中央高度重视弘扬工匠精神和培养大国工匠。习近平总书记专门致信祝贺首届大国工匠创新交流大会，特别强调“技术工人队伍是支撑中国制造、中国创造的重要力量”，要求工人阶级和广大劳动群众要“适应当今世界科技革命和产业变革的需要，勤学苦练、深入钻研，勇于创新、敢为人先，不断提高技术技能水平”。这些亲切关怀和殷殷厚望，激励鼓舞着亿万职工群众弘扬劳模精神、劳动精神、工匠精神，奋进新征程、建功新时代。

近年来，全国各级工会认真学习贯彻习近平总书记关于工人阶级和工会工作的重要论述，特别是关于产业工人队伍建设改革的重要指示和致首届大国工匠创新交流大会贺信的精神，进一步加大工匠技能人才的培养选树力度，叫响做实大国工匠品牌，不断提高广大职工的技术技能水平。以大国工匠为代表的一大批杰出技术工人，聚焦重大战略、重大工程、重大项目、重点产业，通过生产实践和技术创新活动，总结出先进的技能技法，产生了巨大的经济效益和社会效益。

深化群众性技术创新活动，开展先进操作

法总结、命名和推广，是《新时期产业工人队伍建设改革方案》的主要举措。为落实全国总工会党组书记处的指示和要求，中国工人出版社和各全国产业工会、地方工会合作，精心推出“优秀技术工人百工百法丛书”，在全国范围内总结100种以工匠命名的解决生产一线现场问题的先进工作法，同时运用现代信息技术手段，同步生产视频课程、线上题库、工匠专区、元宇宙工匠创新工作室等数字知识产品。这是尊重技术工人首创精神的重要体现，是工会提高职工技能素质和创新能力的有力做法，必将带动各级工会先进操作法总结、命名和推广工作形成热潮。

此次入选“优秀技术工人百工百法丛书”作者群体的工匠人才，都是全国各行各业的杰出技术工人代表。他们总结自己的技能、技法和创新方法，著书立说、宣传推广，能让更多人看到技术工人创造的经济社会价值，带动更多产业工人积极提高自身技术技能水平，更好地助力高质量发展。中小微企业对工匠人才的孵化培育能力要弱于大型企业，对技术技能的渴求更为迫切。优秀技术工人工作法的出版，以及相关数字衍生知识服务产品的推广，将对中小微企业的技术进步与快速发展起到推动作用。

当前，产业转型正日趋加快，广大职工对于技术技能水平提升的需求日益迫切。为职工群众创造更多学习最新技术技能的机会和条件，传播普及高效解决生产一线现场问题的工法、技法和创新方法，充分发挥工匠人才的“传帮带”作用，工会组织责无旁贷。希望各地工会能够总结命名推广更多大国工匠和优秀技术工人的先进工作法，培养更多适应经济结构优化和产业转型升级需求的高技能人才，为加快建设一支知识型、技术型、创新型劳动者大军发挥重要作用。

中华全国总工会兼职副主席、大国工匠

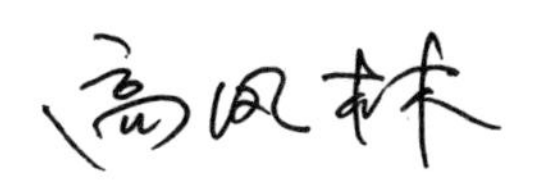

作者简介
About The Author

秦　钦

1985 年出生，山东能源集团兴隆庄煤矿（以下简称“兴隆庄煤矿”）调度信息中心监测定位组工长，安全仪器监测工高级技师。曾获“全国技术能手”“煤炭行业技能大师”“煤炭行业技术能手”“山东省新时代岗位建功劳动竞赛标兵”等荣誉称号。参加工作 20 年以来，一直从事矿井安全监控工作，见证了安全监控系统的发展改革历程，在多年的工作积累中，总结出一套监控设备安装设计与调试和故障诊断“绝活绝技”。全程参与兴隆庄煤矿矿井安全监控系统数字化升级改造工程，使之成为全国第一家示范化升级改造矿井顺利通过验收，达到国际领先水平。先后获得国家实用新型专利 7 项、山东省科技进步奖 5 项，集团公司科技进步和小改小革奖 20 余项，切实解决了工作中的难题，累计创造经济效益 2000 余万元。

秦钦长期致力于安全监控设备在现场的应用和运行，结合实际工作加强监控设备的故障判断与处理的研究，与设备厂家技术人员相互交流装备研发、现场实际应用和常见问题解决。以秦钦名字命名的劳模创新工作室，带领团队成员开展技能传授、技术攻关和技术交流活动，培养出一大批技术型、技能型人才，工作室先后被山东能源集团评为“示范化劳模创新工作室”和“（高技能人才）劳模创新工作室”，为推动矿井人才培养接续和安全监控系统的稳定运行以及发展作出了突出贡献。

工 / 匠 / 寄 / 语

心心专一艺

事事在一工

念念系一职

只有专注，才是成功的唯一捷径

秦钦

目　　录
Contents

引　　言
Introduction

创新是民族进步的灵魂，是一个国家兴旺发达的不竭动力，也是一个企业实现高质量发展的核心竞争力。企业要适应新时代新的市场、新的环境，要转型发展，离不开创新。只有创新才能使企业应对快速变化的市场。创新成果的推广应用，更是新时期产业工人队伍建设改革成果的具体体现。所以，我们要始终保持求索精神、创新精神，带动职工全员创新创效，以实际行动，在新的“赶考”路上交出一份满意的答卷，为推动矿山企业转型发展迈出坚实步伐。

矿井安全监控系统担负着矿井环境监

测、工况监测以及风电、瓦斯电闭锁的功能实现，是保证矿井安全生产的基石。《煤矿安全规程》规定：所有矿井必须装备矿井安全监控系统，矿井安全监控系统的安装、使用和维护必须符合本规程和相关规定的要求。采区设计、采掘作业规程和安全技术措施，必须对安全监控设备的种类、数量和位置，信号电缆和电源电缆的敷设，控制区域等作出明确规定，并绘制布置图。因此，安全监控设备的安装设计与调试，尤为重要。

本工作法阐述的安全监控设备安装设计和调试流程，是作者从事监控工作 20 年以来的经验积累、创新心得，经过反复的实践、改革，有效地提高了工作效率，减少了监控设备故障率，并符合相关要求标准，以供大家参考。

第一讲

矿井采掘工作面回风巷及固定地点安全监控设备辅助安装

煤矿安全监控系统是具有模拟量、开关量、累计量采集、传输、存储、处理、显示、打印、声光报警、控制等功能，用于监测甲烷浓度、一氧化碳浓度、风速、风压、温度、烟雾、馈电状态、风门状态、风筒状态、局部通风机开停、主要通风机开停等，并实现甲烷超限声光报警、断电和甲烷风电闭锁控制等，由主机、传输接口、分站、传感器、断电控制器、声光报警器、电源箱、避雷器等设备组成的系统。

一、安全监控设备（传感器）的安装设计和设备制作方法

1. 设计原则

在设计安全监控设备的安装装置时，应遵循以下原则。

（1）符合规程和标准：根据《煤矿安全规程》和《煤矿安全监控系统及检测仪器使用管理规范》

的要求，确保设备安装符合各项规程和标准。

（2）易于操作和维护：设计时要考虑设备的操作便利性，使现场作业人员能够轻松完成设备的安装、维护和校验工作。

（3）高防护性能：考虑到矿井环境的恶劣性，设计时要确保设备具有良好的防护性能，防止施工过程中的碰撞损坏。

2. 设备制作方法

（1）根据矿井实际情况，选用合适的材料制作设备支架，支架应具有足够的强度和稳定性。

（2）设计合适的吊挂装置，使传感器和便携式甲烷检测报警仪能够垂直悬挂，并保持稳定的位置。

（3）在支架上设置调节装置，以便于现场作业人员根据实际需要调整传感器的高度和角度。

（4）在支架的底部设置滚轮，使设备能够在巷道内轻松移动，提高安装和维护的便利性。

（5）在支架上设置保护罩，以保护传感器免受矿井环境中的灰尘、水滴等影响。

3. 安装调试方法

（1）根据设计图纸，将支架安装到矿井巷道内，确保支架的稳定性和安全性。

（2）将传感器和便携式甲烷检测报警仪安装到支架上，接通传输线缆。

（3）调整传感器的高度和角度，使其满足规程和标准的要求。

（4）进行传感器的校验工作，确保其精度符合要求。

（5）调试安全监控系统，检查系统运行是否正常，如有异常及时处理。

通过以上方法，可以确保安全监控设备在矿井采掘工作面处的安装质量，从而有效提高矿井安全生产的水平。在实际应用中，还需要定期检查和维护设备，确保其正常运行。同时，加强对矿井安全监控人员的培训，提高他们的操作技能和安全意识，以充分发挥安全监控系统在矿井安全生产中的重要作用。

二、安装安全监控设备（传感器）的构思设计

目前，矿井安全监控设备（主要是各类气体类监测传感器）的安装主要采取固定在顶板上或者采用滑轮吊挂在顶板上，通过绳子将设备牵引至顶板，但是此方法会使设备吊挂的方向难以保证，影响观察监控设备运行状态和数值，且质量标准化水平低。另一种设计方法是采用监控设备整体升降装置，实现多台设备的整体升降吊挂，设备方向是固定的，安装美观，但是此方法需要根据井下巷道高度制作不同的升降架，升降架高度难以匹配。而且，安全监控设备应按产品使用说明书的要求定期调校、测试。

为解决上述问题，本操作法的目的是提供一

种结构简单、制作工艺简单、易操作的可伸缩调节长度监控设备升降装置，经安装调试，一次成型。该装置主要由钢丝绳、自锁绞盘、可调节伸缩杆、滑动滑轮、便携式固定挂钩和监控设备挂钩组成。该装置可以较高程度地节约人工成本，杜绝登高作业，设备能够根据井下巷道的不同高度调节长度，适应多种巷道高度，传感器维护及标校只需要 1 人摇动自锁绞盘升降即可。

本操作法涉及煤矿安全监控系统甲烷、一氧化碳、温度、风速、粉尘等多种传感器的吊挂问题，主要针对《煤矿安全监控系统及检测仪器使用管理规范》要求矿井采煤工作面、煤巷、半煤岩巷、有瓦斯突出的岩巷在回风流位置安设甲烷传感器、一氧化碳传感器、温度传感器，安装位置为距离回风口 10~15m，见图 1；且传感器应垂直吊挂在巷道的上方，距离顶板不得大于 300mm，距离巷道侧壁不得小于 200mm，不影响

掘进工作面回风传感器安装位置

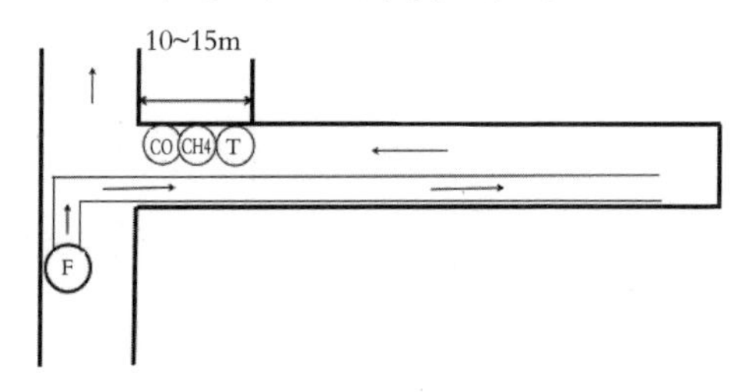

采煤工作面回风传感器安装位置

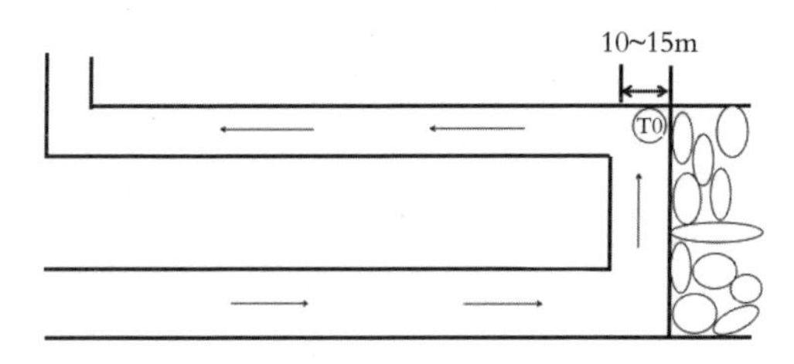

图 1　矿井采掘工作面回风传感器安设标准

行车和行人，见图 2、图 3。针对实际现场传感器吊挂乱、质量标准低，传感器日常标校及更换维护需要多人配合登高作业，存在安全隐患，浪费劳动力的状况，经过摸索实践，设计一套监控设备整体升降装置，并能根据巷道高低伸缩调节长度，适应各种高度的巷道，实现监控设备的整体升降，提高了传感器吊挂的整体质量水平。

三、安全监控设备安装调试法的优点

（1）符合各项规程和标准要求。在质量标准化提升的基础上，严格按照《煤矿安全监控系统及检测仪器使用管理规范》要求：甲烷传感器应垂直悬挂，距顶板（顶梁、屋顶）不得大于 300mm，距巷道侧壁（墙壁）不得小于 200mm，并应安装维护方便，不影响行人和行车；一氧化碳传感器应垂直悬挂，距顶板（顶梁）不得大于 300mm，距巷壁不得小于 200mm，并应安装维

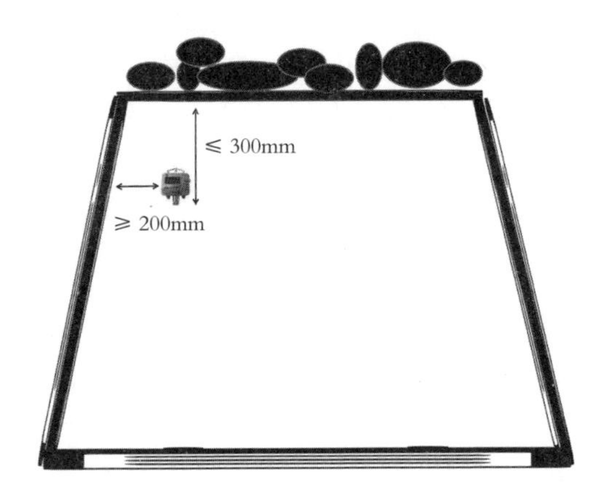

图 2 井下巷道传感器吊挂（平顶）

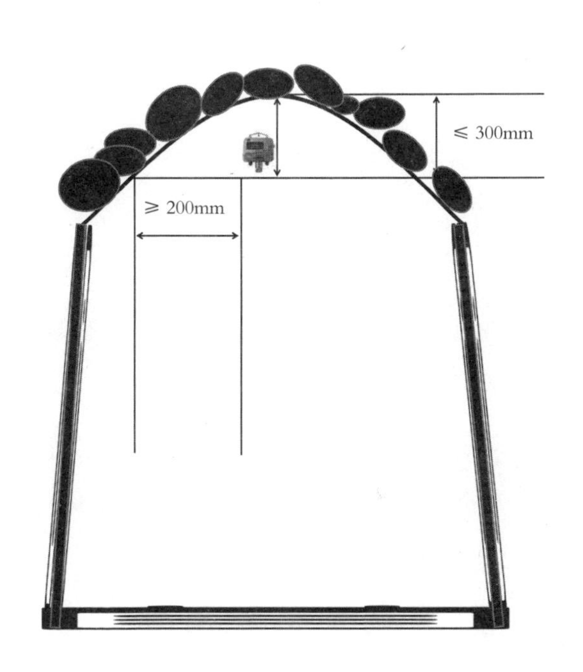

图 3　井下巷道传感器吊挂（弧顶）

护方便，不影响行人和行车。真实有效地对设备设置地点的各类有毒有害气体和工矿环境进行监测，保障安全生产。

（2）提高工作安全性。安全监控设备日常标校及更换维护需要佩戴安全带，多人配合登高作业，存在安全隐患。采用本安装调试法，安装调试一次成型，传感器维护及标校只需要摇动自锁绞盘升降即可，杜绝了登高作业，有效提高了工作安全性。

（3）应用范围广，节省人工，提高工作效率。《煤矿安全监控系统及检测仪器使用管理规范》规定：

安全监控设备必须按产品使用说明书的要求定期调校、测试，每月至少 1 次。甲烷传感器应使用校准气样和空气气样在设备设置地点调校，采用载体催化原理的甲烷传感器每 15d 至少调校 1 次；采用激光原理的甲烷传感器等，每 6 个月至少调校 1 次。

除甲烷以外的其他气体监控设备应采用空气气样和标准气样，按产品说明书进行调校。风速传感器选用经过标定的风速计调校。温度传感器选用经过标定的温度计调校。其他传感器和便携式检测仪器应按使用说明书要求定期调校。

甲烷电闭锁和风电闭锁功能每 15d 至少测试 1 次；可能造成局部通风机停电的，每半年测试 1 次。

四、安全监控设备设置地点和使用管理规范

1.《煤矿安全规程》规定井下以下地点必须设置甲烷传感器：

（1）采煤工作面及其回风巷和回风隅角，高瓦斯矿井采煤工作面回风巷长度大于 1000m 时，回风巷中部。

（2）煤巷、半煤岩巷和有瓦斯涌出的岩巷掘

进工作面及其回风流中，高瓦斯和突出矿井的掘进巷道长度大于 1000m 时，掘进巷道中部。

（3）突出矿井采煤工作面进风巷。

（4）采用串联通风时，被串采煤工作面的进风巷；被串掘进工作面的局部通风机前。

（5）采区回风巷、一翼回风巷、总回风巷。

（6）使用架线电机车的主要运输巷道内装煤点处。

（7）煤仓上方、封闭的带式输送机地面走廊。

（8）地面瓦斯抽采泵房内。

（9）井下临时瓦斯抽采泵站下风侧栅栏外。

（10）瓦斯抽采泵输入、输出管路中。

2.《煤矿安全监控系统及检测仪器使用管理规范》规定：

（1）一氧化碳传感器应垂直悬挂，距顶板（顶梁）不得大于 300mm，距巷壁不得小于 200mm，并应安装维护方便，不影响行人和行车。

（2）以下地点必须设置一氧化碳传感器：

①开采容易自燃、自燃煤层的采煤工作面应至少设置一个一氧化碳传感器，地点可设置在回风隅角（距切顶线 0~1m）、工作面或工作面回风巷，报警浓度≥ 0.0024%CO。

②带式输送机滚筒下风侧 10~15m 处宜设置一氧化碳传感器，报警浓度≥ 0.0024%CO。

③自然发火观测点、封闭火区防火墙栅栏外应设置一氧化碳传感器，报警浓度≥ 0.0024%CO。

④开采容易自燃、自燃煤层的矿井，采区回风巷、一翼回风巷、总回风巷应设置一氧化碳传感器，报警浓度≥ 0.0024%CO。

采用本安全监控设备安装调试法，安装调试一次成型，传感器维护及标校只需 1 人摇动自锁绞盘升降即可操作，杜绝登高作业，高效节省人工，提高了工作效率（见图 4）。

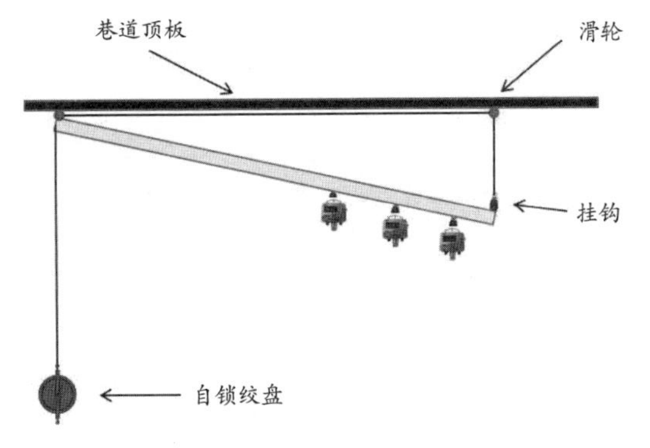

图 4　矿井采掘工作面及固定地点回风传感器安装设计

第二讲

矿井采掘工作面处安全监控设备的安装设计操作法概述

一、采掘工作面处监控设备的结构原理

目前，矿井采掘工作面处的监控设备安装，受空间及施工影响，主要采取设备直接固定在顶板上或者采用支架吊挂在顶板上，但是用此方法设备的吊挂质量标准化水平低，现场施工容易造成传感器碰撞损坏。根据《煤矿安全规程》和《煤矿安全监控系统及检测仪器使用管理规范》的要求，采掘工作面需要安设甲烷传感器，传感器应垂直吊挂在巷道的上方，距离顶板不得大于300mm，距巷道侧壁不得小于200mm，甲烷传感器每15d进行1次校验。采煤工作面回风隅角甲烷传感器设置位置距工作面切顶线≤1m（见图5）；掘进工作面传感器设备距掘进工作面≤5m，安装在风筒的另一侧（见图6）。

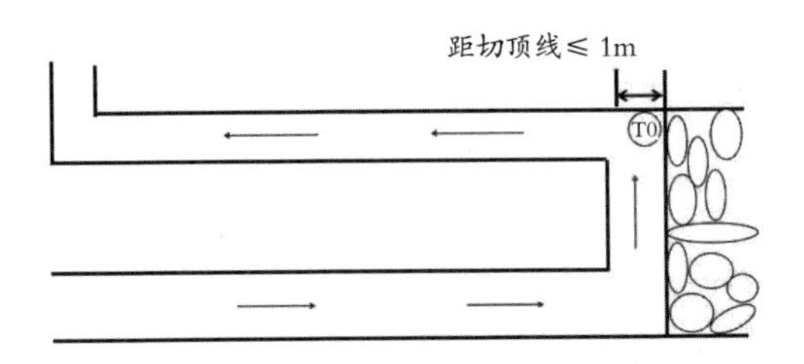

图 5　采煤工作面回风隅角甲烷传感器安设标准

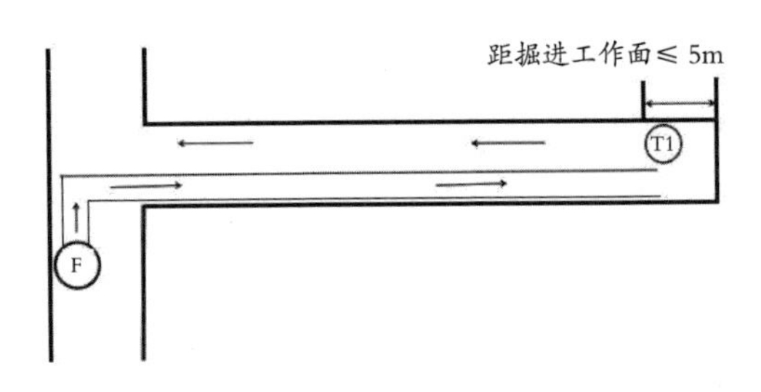

图 6　掘进工作面甲烷传感器安设标准

在采掘工作面处需要吊挂甲烷传感器和便携式甲烷检测报警仪，而实际现场的传感器吊挂乱、质量标准低，传感器日常标校及更换维护需要多人配合登高作业，存在安全隐患，浪费劳动力，本装置能够根据井下巷道顶板高低不同，实现甲烷传感器和便携式甲烷检测报警仪的数值比对以及对监控设备的防护（见图 7）。

二、问题描述

由于安全监控设备的安装地点受工作环境影响、施工影响，主要采取设备直接固定在顶板上或者采用支架吊挂在顶板上，但是此方法设备的吊挂质量标准化水平低，现场施工容易造成传感器碰撞损坏。设备安装起来存在以下问题。

（1）根据规程要求，监控设备吊挂的施工地点环境恶劣，且顶板及侧壁因施工容易造成传感器碰撞损坏、监控设备故障闭锁，影响采掘工作甲烷传感器应垂直悬挂在巷道上方风流稳定的位置，距顶板（顶梁）不得大于300mm，距巷道侧壁不得小于200mm，并应安装维护方便，不影响行人和行车。

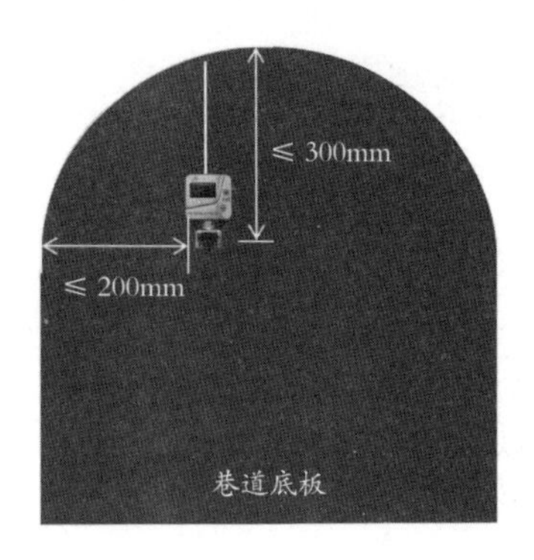

图7　安全监控设备的安设标准

面的安全生产。

（2）传统的安全监控设备的吊挂绳索紧固不可靠，且需要每天使用便携式甲烷检测报警仪或便携式光学甲烷检测仪与甲烷传感器进行对照（空气平均分子量是29，甲烷的分子量是16）。在标准条件下，空气密度约为1.29kg/m³。甲烷是无色无味、极难溶于水的气体，密度约为空气的一半，甲烷的密度为0.717kg/m³。因为甲烷的密度比空气小，通常悬浮在矿井巷道顶板上方，所以便携式光学甲烷检测仪与甲烷传感器在巷道顶板才能监测到矿井巷道甲烷气体的真实数值。

（3）传统的采掘工作面安全监控设备的吊挂，设备挪移位置时极不方便，施工过程烦琐，存在安全隐患。

三、解决方法

（1）设计的采掘工作面甲烷传感器与便携式

甲烷检测报警仪整体吊挂防护装置，由挂钩、甲烷传感器固定架、便携式甲烷检测报警仪固定架、吊挂杆、固定钩组成，可实时进行传感器与便携式甲烷检测报警仪的数值比对。

（2）采掘工作面甲烷传感器与便携式甲烷检测报警仪整体吊挂防护装置，施工安装过程解决了煤矿传感器吊挂、维护、故障处理登高作业的问题，安全便捷。

（3）采掘工作面甲烷传感器与便携式甲烷检测报警仪整体吊挂防护装置，能够适应多种巷道顶板高度不同传感器的吊挂，且不影响现场施工，对监控设备起到了防护作用，保障了安全生产（见图8）。

四、运行效果

本安全监控设备能够根据井下巷道不同、高低不同，提高现场监控设备的吊挂水平，保证了

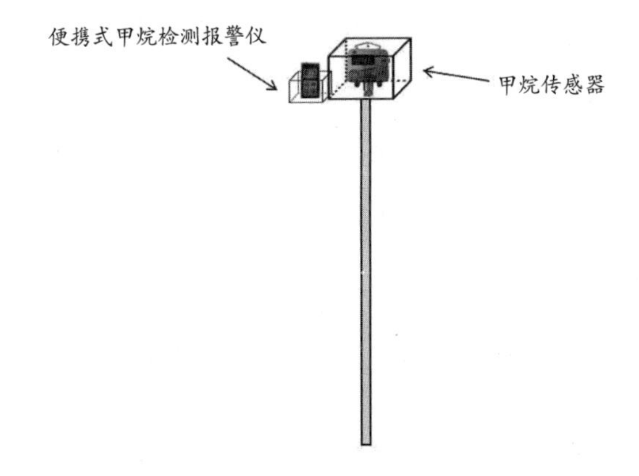

图8　监控设备采掘工作面处安装设计

设备符合吊挂要求，并且实现甲烷传感器和便携式甲烷检测报警仪的数值比对，还对传感器起到了一定的防护作用。根据相关标准要求，矿井采掘工作面甲烷传感器安设地点较多（见图9），传感器更换或者日常维护十分方便，本设备只需要一个人对传感器进行升降吊挂即可，杜绝了登高作业的危险性，减少了人工成本，操作简单可靠。由于监控传感器与线缆连接处使用便捷插头，长期转动容易造成损坏，而通过甲烷传感器与便携式甲烷检测报警仪整体吊挂防护装置防护，安全监控设备故障率降低70%以上，有效保证了矿井安全生产。

1. 煤巷、半煤岩巷和有瓦斯涌出的岩巷掘进工作面甲烷传感器应按图设置，并实现甲烷风电闭锁。

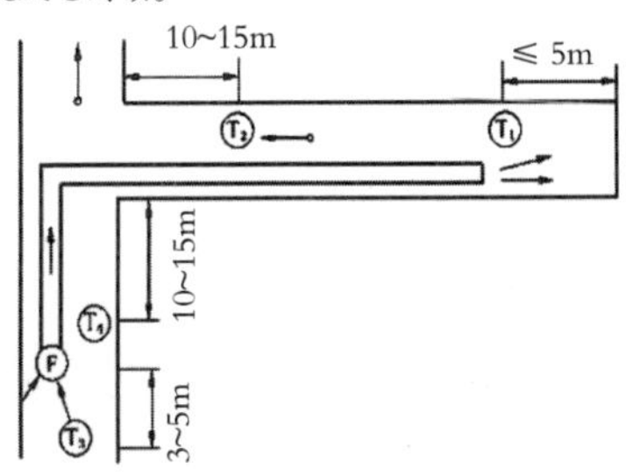

在工作面混合风流处设置甲烷传感器 T_1，在工作面回风流中设置甲烷传感器 T_2，采用串联通风的掘进工作面，应在被串工作面局部通风机前设置掘进工作面进风流甲烷传感器 T_3；煤与瓦斯突出矿井掘进工作面的进风分风口处设置甲烷传感器 T_4。

2.U 形通风方式必须在回风隅角设置甲烷传感器 T_0（距切顶线≤ 1m），工作面设置甲烷传感器 T_1，工作面回风巷设置甲烷传感器 T_2，煤与瓦斯突出矿井进风巷设置甲烷传感器 T_3 和 T_4；采用串联通风时，被串工作面的进风巷设置甲烷传感器 T_4。

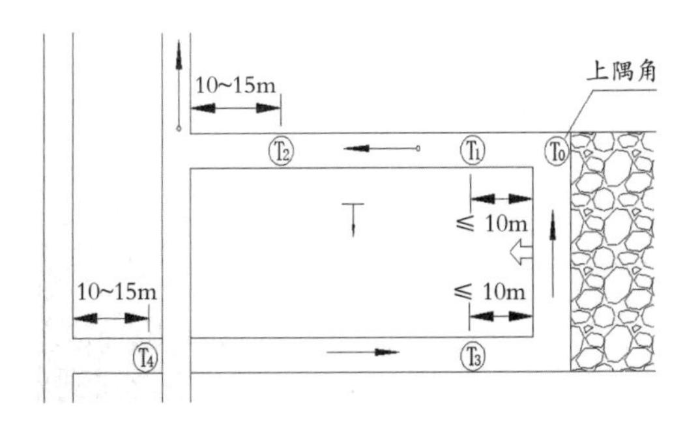

图 9 矿井采掘工作面甲烷传感器安设标准

第三讲

安全监控设备的安装设计、制作方法

一、煤矿安全监控设备的传统安装方法及缺点

近几年，针对矿井安全监控系统，《煤矿安全规程》和《煤矿安全监控系统及检测仪器使用管理规范》多次更新完善，而在煤矿安全生产过程中，安全监控系统的应用能有效提高煤矿生产的效率，同时对于煤矿安全事故的发生具有一定的预防和控制作用。

煤矿安全监控系统应具有伪数据标注及异常数据分析，瓦斯涌出、火灾等的预测预警，多系统融合条件下的综合数据分析，可与煤矿安全监控系统检查分析工具对接数据等大数据分析与应用功能。煤矿安全监控系统应具有在瓦斯超限、断电等需立即撤人的紧急情况下，可自动与应急广播、通信、人员位置监测等系统应急联动的功能。

煤矿编制采区设计、采掘作业规程和安全技术措施时，应对安全监控设备的种类、数量和位

置，信号线缆和电源电缆的敷设，断电区域等作出明确规定，并绘制布置图和断电控制图。

煤矿安全监控系统应由现场设备完成甲烷浓度超限声光报警和断电、复电控制功能。甲烷浓度达到或超过报警浓度时，声光报警；甲烷浓度达到或超过断电浓度时，切断被控设备电源并闭锁；甲烷浓度低于复电浓度时，自动解锁。与闭锁控制有关的设备（含甲烷传感器、分站、电源、断电控制器等）未投入正常运行或故障时，切断该设备所监控区域的全部非本质安全型电气设备的电源并闭锁；当与闭锁控制有关的设备工作正常并稳定运行后，自动解锁。

随着科学技术的不断进步，我国煤矿生产的自动化程度在不断提高，同时安全监控系统在煤矿生产中的应用也日渐广泛，促进了我国煤矿安全生产工作持续的发展。因此，监控设备的安装调试，尤为重要。

目前，矿井安全监控设备（主要是气体类监测传感器），传统的安装方法主要采取固定在顶板上或者采用滑轮吊挂在顶板上，通过绳子将设备牵引至顶板（见图 10）。

该类设备的缺点：

（1）用此方法，设备的吊挂方向难以保证，影响观察监控设备运行状态和数值，质量标准化水平低。

（2）监控设备维护或者标校期间，施工不方便，操作烦琐。

（3）另一种设计方法是采用监控设备整体升降装置，实现多台设备的整体升降吊挂，设备方向是固定的，安装美观。但是此方法需要根据井下巷道高度制作不同的升降架，升降架的高度难以匹配。

为解决上述问题，本操作法的目的是提供一种结构简单、制作工艺简单、易操作的可伸缩调

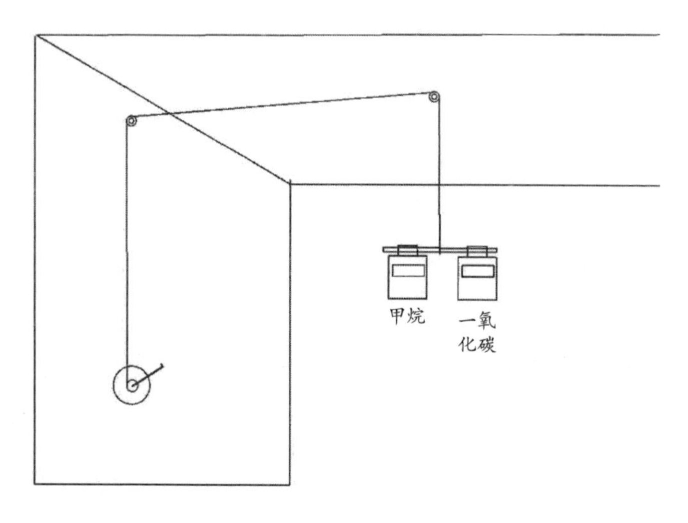

图 10　传统监控设备的安装设计

节长度监控设备升降装置，安装调试，一次成型。该装置主要由钢丝绳、自锁绞盘、可调节伸缩杆、滑动滑轮、便携式固定挂钩和监控设备挂钩组成。该装置可以较高程度地节约人工成本，杜绝登高作业，能够根据井下巷道的不同高度调节长度，适应多种巷道高度，传感器维护及标校只需要 1 人摇动自锁绞盘升降即可。

二、自锁绞盘的结构及工作原理

1. 问题描述

由于安全监控设备的安装地点受工作环境、施工影响，巷道侧壁不平整，有的是喷浆工艺，有的是联网锚杆加固，不利于安全监控设备升降以及绳索的固定，安装起来存在以下问题。

（1）巷道侧壁固定绳索施工方法不统一，施工流程烦琐，有的直接用绳索缠绕在锚杆或者管道上，影响吊挂质量。

（2）传统的安全监控设备的吊挂绳索紧固不可靠，且升降过程需要根据监控设备重量取决受力程度，吊挂至顶板，存在安全隐患。

（3）传统的安全监控设备的吊挂无升降自锁功能，设备长时间在顶板吊挂，受吊挂绳和重力影响，会有一定程度的下垂，不符合安全监控设备的安装要求。

2. 解决方法

（1）手摇式自锁绞盘，可根据巷道侧壁不同，用膨胀螺栓或者不锈钢卡扣固定在设备安设地点下方，安全可靠。

（2）手动绞盘的用途比较广泛，安装简单，给可伸缩调节长度监控设备升降装置增加自锁式手动绞盘和防滑钢丝升降绳，防止监控设备受重力影响，导致吊挂不合格。

（3）手摇自锁式手动绞盘的原理能实现省力，手柄之间连接的齿轮包括棘爪等制动会带动大齿轮转动，这种传动的动力输出到钢丝绳卷筒位置，也就省力了。所以，作为牵引工具或起重工具，它的拉力虽然比较小，但是使用灵活、应用广泛。

自锁式手动绞盘主要由U形基座，贯穿该U形基座的绞盘轴，U形槽内设有带绞绳的绞盘，齿轮，过渡双齿轮，棘轮，上限位棘爪和下限位棘爪，定位套筒，定位环等组成（见图11）。

当施工人员顺时针转动手柄时，内部的棘轮会顺时针转动，一旦停止旋转手柄，棘轮、棘爪相互作用，会产生自锁反应。逆时针转动手柄时同样如此。这种棘轮机构设置的作用是防止绞盘发生逆转反应，使重物静止在原处。手摇绞盘的双向自锁原理保障了可伸缩杆起吊工作的顺利进行，给施工人员带来诸多便利，同时也加快了施工速度，提高了施工人员的工作效率（见图12）。

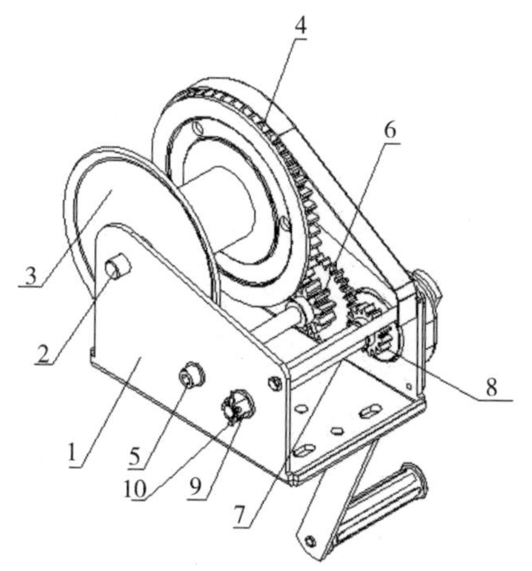

1.U 形基座 2. 绞盘轴 3. 绞盘 4. 从动齿轮 5. 齿轮轴 6. 过渡齿轮 7. 齿轮轴 8. 自锁齿轮 9. 双向自锁装置

图 11 自锁式手动绞盘结构图

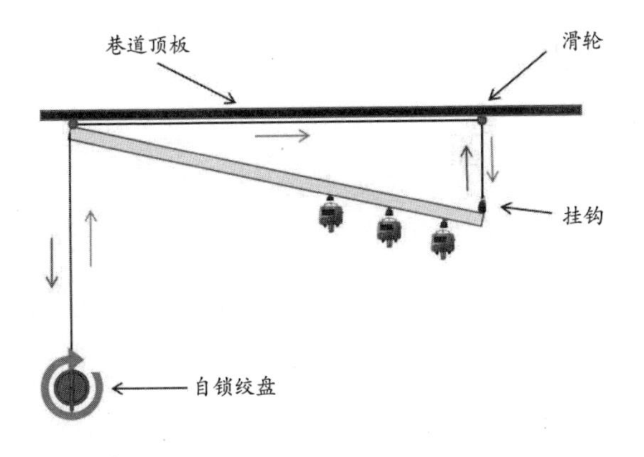

图 12　传感器升降示意图

三、长度可伸缩杆的结构及工作原理

由于安全监控设备的安装地点受工作环境和施工的影响，巷道顶板高低不平，有的是喷浆工艺，有的是联网锚杆加固，不利于安全监控设备升降以及绳索的固定，以及监控设备的吊挂，安装时存在以下问题。

1. 问题描述

（1）巷道顶板受采掘工艺或者岩石结构影响，高低不平，监控设备安装时，很难符合规程以及行业标准（传感器应垂直吊挂在巷道的上方，距离顶板不得大于300mm，距巷道侧壁不得小于200mm）的要求。

（2）传统的安全监控设备的吊挂绳索紧固不可靠，且吊挂至顶板，升降时存在安全隐患。

（3）煤矿井下监控设备的安装地点，巷道高低不统一，设备设计需根据安装地点的高度不同，每次施工都重新制作。

2. 解决方法

（1）巷道顶板受采掘工艺或者岩石结构影响，高低不平，设计的监控设备伸缩杆两端都可以吊挂监控设备。吊挂时根据安装现场情况，调节设备安装位置，避免出现传感器吊挂不合格的现象。

（2）安全监控设备的吊挂采用不锈钢挂钩，安装时省时省力，结构简单，通过巷道顶板的钢筋网或者采用膨胀螺栓固定，可以有效消除安全隐患。

（3）监控设备伸缩杆设计根据安装地点的高度不同，吊挂杆和伸缩杆采用不同直径的不锈钢钢管制作，可通过紧固孔的螺钉调节长度，来达到安装要求。

本装置制作简易，为一种长度可调节的伸缩杆，由 1 个吊挂、1 个伸缩、4 个锁紧螺栓、吊挂杆和伸缩杆两端的吊挂钩以及杆体上的 6 个设备吊挂钩组成。吊挂杆和伸缩杆采用不同直径的不锈钢钢管制作，根据使用情况，6 个传感器挂钩与吊挂杆连接，用于吊挂所需安装的设备；吊挂杆与伸缩杆均匀开 4 个紧固孔，用于伸缩长度；吊挂杆与吊鼻连接，伸缩杆与吊鼻连接。吊挂杆与伸缩杆长度一致，所开紧固孔位置一致，调节长度时，伸缩杆插入吊挂杆内，调节好长度后，使用紧固螺钉固定好，结构简单，便于拆装（见图 13）。

3. 优点

（1）符合各项规程和标准要求。在质量标准化提升的基础上严格按照《煤矿安全监控系统及检测仪器使用管理规范》要求，甲烷传感器应垂直悬挂，并应安装维护方便，不影响行人和行车；真实有效地对设备设置地点各类有毒有害气体和工矿环境进行监测，保障安全生产。

（2）提高工作安全性。安全监控设备日常标

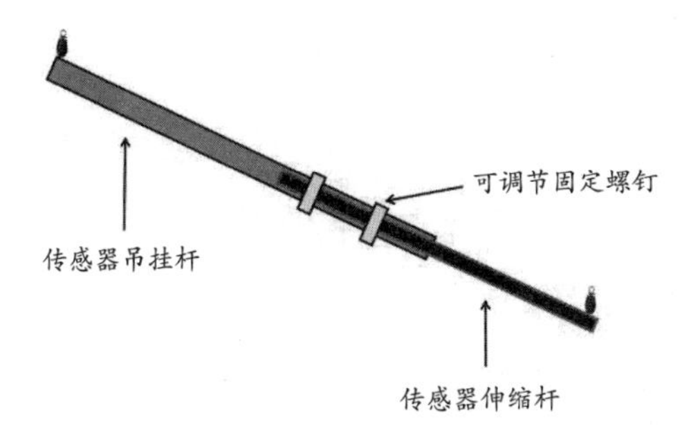

图 13　吊挂杆和伸缩杆结构示意图

校及更换维护需要佩戴安全带，多人配合登高作业，存在安全隐患。采用本安装调试法，安装调试一次成型，传感器维护及标校只需要摇动自锁绞盘升降即可，杜绝登高作业，有效提高了工作安全性。

（3）节省人工，提高工作效率。采用本安装调试法，安装调试一次成型，传感器维护及标校只需 1 人摇动自锁绞盘升降即可操作，杜绝登高作业，高效节省人工，提高了工作效率。

（4）降低传感器故障率。采用本安装调试法，监控设备固定牢靠，且不影响安设地点正常施工，有效提升监控设备防护性能，降低了安全监控系统故障率。

四、可伸缩调节长度监控设备升降装置的安装

（1）根据安装要求以及现场实际情况，采用膨胀螺栓或者不锈钢卡扣固定在设备安设地点下

方，确保自锁绞盘安全性。防滑钢丝绳，用不锈钢挂钩固定在吊挂杆上，防止监控设备受重力影响，导致吊挂不合格（见图 14）。

（2）安全监控设备的吊挂杆采用不锈钢挂钩，通过巷道顶板的钢筋网或者采用膨胀螺栓固定；根据巷道高度，可调节伸缩杆。

（3）将需要安设的监控设备或者便携式甲烷检测报警仪安装到支架上，接通传输线缆。

（4）调整传感器的高度和角度，使其满足规程和标准的要求，测试自锁绞盘的安全性。

（5）进行传感器的校验工作，确保其精度符合要求。

（6）调试安全监控系统，检查系统运行是否正常，如有异常及时处理。

下面结合附图进一步说明本监控设备安装设计的实施方法（见图 15）。

（1）可伸缩调节长度监控设备升降装置，由

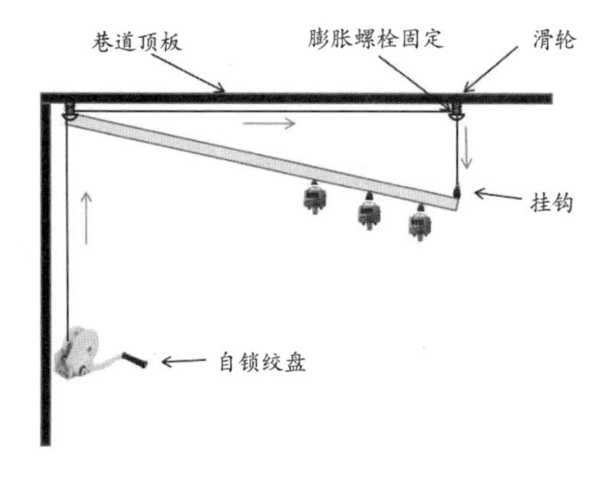

图 14　自锁绞盘和吊挂杆安装示意图

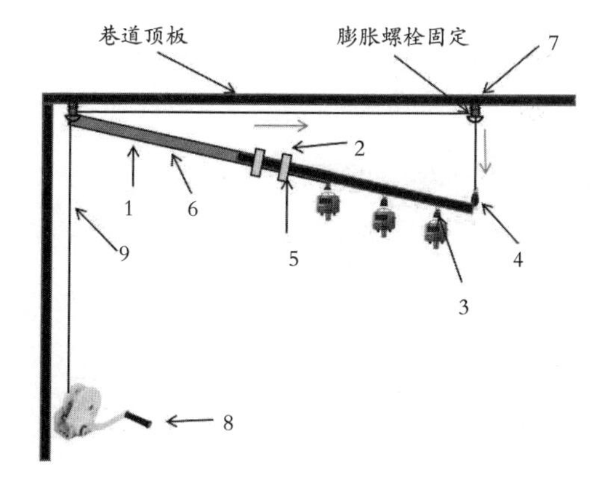

图 15　可伸缩调节长度监控设备升降装置

吊挂杆 1、紧固螺丝 2、传感器挂钩 3、吊鼻 4、伸缩杆 5、紧固孔 6、定滑轮 7、绞盘 8、钢丝绳 9 等组成。

（2）6 个传感器挂钩 3 与吊挂杆 1 连接，用于吊挂规定传感器；吊挂杆与伸缩杆均匀开 4 个紧固孔 6，用于伸缩长度；吊挂杆 1 与吊鼻 4 连接，伸缩杆 5 与吊鼻 4 连接。吊挂杆 1 与伸缩杆 5 长度一致，所开紧固孔 6 位置一致。调节长度时，伸缩杆 5 插入吊挂杆 1 内，调节好长度后，使用紧固螺钉 2 固定好。

（3）实际应用举例。使用时，多个监控设备吊挂在传感器挂钩 3 下，根据巷道高度调节伸缩杆 5 伸入吊挂杆 1 的长度，调节好后上好紧固螺钉 2，伸缩杆 5 左侧吊鼻固定在巷道顶板上，顶板合适位置固定定滑轮 7，钢丝绳 9 穿过定滑轮 7 连接伸缩杆 5 右侧吊鼻 4，钢丝绳 9 另一侧连接绞盘 8，绞盘 8 固定在巷道侧壁上。使用时，手摇绞盘 8，通过钢丝绳 9 及定滑轮 7 带动可伸缩调节长度多个传感器升降装置升降。更换、维护传感器时，滑动绞盘 8 将吊挂杆 1 降下来；工作完成后滑动绞盘 8 将吊挂杆 1 升上去。绞盘采用自锁设计，能够将吊挂杆 1 锁定在任何高度。

五、运行效果

通过此可伸缩调节长度监控设备升降装置，实现了多个设备的整体升降，吊挂标准满足 AQ 1029—2019《煤矿安全监控系统及检测仪器使用管理规范》，且传感器方向固定不会来回摆动；独有的可伸缩调节长度设计，可以适应多种巷道高度，不需要根据巷道高度专门制作合适的吊挂装置。当传感器定期标校及传感器损坏需要更换时，人员不需要登高作业，节约人工，保证安全。从 2018 年起，经过本部矿井多年实践，此可伸缩调节长度监控设备升降装置一直延续使用

（见图 16）。

按每个矿井 400 台监控设备计算，安全监控设备必须按产品使用说明书的要求定期调校、测试，每月至少 1 次。甲烷传感器应使用校准气样和空气气样在设备设置地点调校，采用载体催化原理的甲烷传感器，每 15d 至少调校 1 次；采用激光原理的甲烷传感器等，每 6 个月至少调校 1 次。每年可节省人工 360 人次，安全监控设备故障率降低 60%以上，有效保证了矿井安全生产。

图 16　设备现场使用示意图

第四讲

安全监控系统及设备常见故障的处理

随着“数字化矿山”的推广，监控系统终端设备已能采用数字化传输，并且根据现场实际使用及维护情况，监控系统设备目前已具备输入电压检测、故障诊断、设备动态拓扑图、重启、注册及总线数据帧错误计数等自诊断功能。但这些诊断并不能直接表明设备断线故障原因，只能为其分析提供数据依据，还需结合工作现场实际使用情况，以及断线故障分析方法，同时结合工作经验及部分诊断参数指导现场维护，从而有效预防类似故障发生。

一、安全监控系统主机及传输故障

目前，大多数矿井现行的安全监控系统数据采集流程为地面中心站；信号传输介质；井下分站；传感器；参数采集（见图 17）。

在进行安装调试时，通常地面中心站与井下分站之间进行信号输送时选用光纤作为介质，安

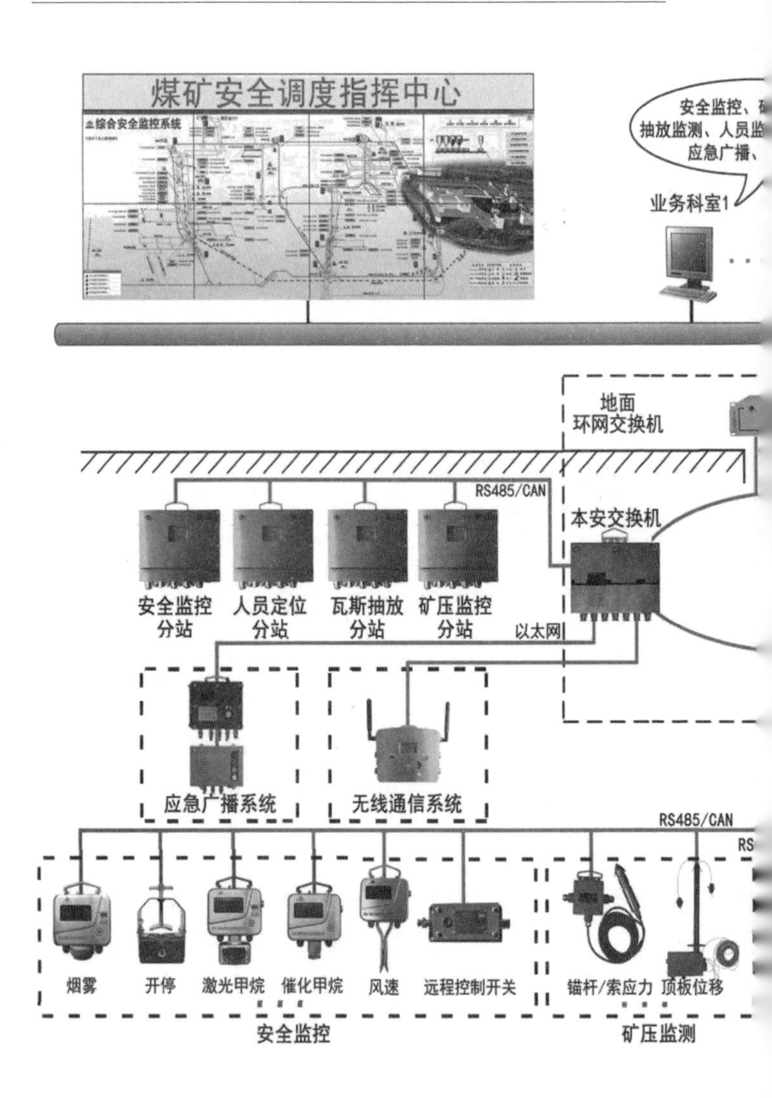

图 17　安全监控系统布置图

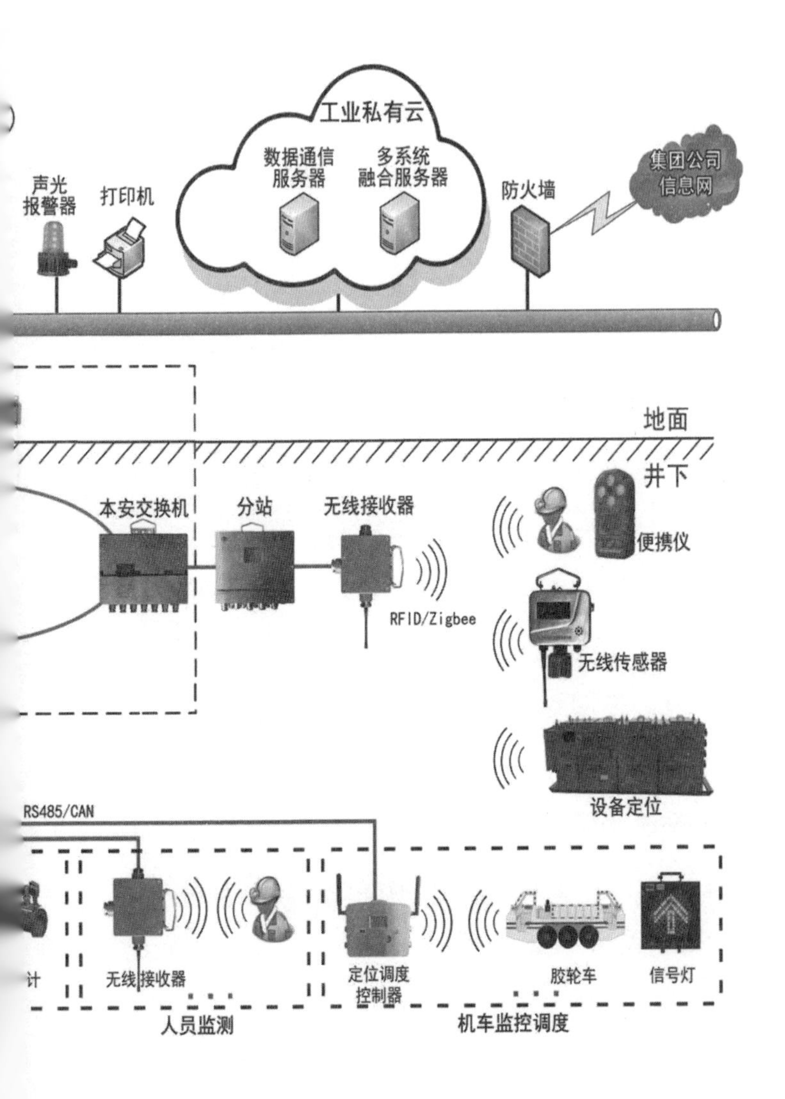
工业私有云
数据通信
服务器
多系统
融合服务器
声光
报警器
打印机
防火墙
集团公司
信息网
地面
井下
本安交换机
分站
无线接收器
RFID/Zigbee
便携仪
无线传感器
设备定位
RS485/CAN
计
无线接收器
定位调度
控制器
胶轮车
信号灯
人员监测
机车监控调度

全监控系统新版技术方案规定井下分站之间的信息传输需要采用环网连接。由于井下工况环境比较恶劣，而对于那些经常移动的分站而言，光纤传输维护比较烦琐，出现故障之后，后期的维护工作量比较大。如果分站或交换机出现故障，会出现通信中断现象。通信中断后，地面监控主机将无法显示现场数据，因而尽量减少通信中断故障是监控系统稳定运行的重要标志。

避免监控系统通信中断或分站故障的措施主要有以下 4 点：

（1）环网交换机是以光纤环网的形式布置，一路发信号，一路收信号，光缆一处出现故障，监控系统仍能正常运行。要加强日常对监测环网线路的检查维护，减少分站挪移，保障主要传输正常运行。

（2）环网交换机出现故障或死机只会影响该交换机所带的分站，不会影响其他交换机。合理分配环网交换机下的分站数量，避免出现死机、CPU 运行过热情况，保障监控运行质量。

（3）一般情况下，环网交换机的正常供电电流在 600mA 左右，启动瞬间会波动高一点。监测不间断电源一般输出 3~6 路本质安全型直流电压，电流不超过 1000mA，所以要保障环网交换机单独供电，避免出现电压不足情况，造成环网交换机故障。

（4）监测不间断电源后备电池，在交流电停电后，应能保证正常运行不低于 4h，并且系统设置电源信息“交直流”报警功能。当系统提示 AC/DC 报警时，中心站人员应调度现场维护人员送电，以免造成通信中断；监控维护人员应定期做备用电池放电实验，以延长电池使用寿命，发现备用电源不能维持 2h 的应立即更换。

二、安全监控设备（传感器）常见故障

安全监控系统有故障闭锁功能：当与闭锁控制有关的设备位投入正常运行或故障时，必须切断该监控区域的非本质安全型电气设备的电源并闭锁；当与闭锁控制的有关设备正常运行后，自动解锁。由于煤矿井下安全监控设备所处环境复杂，以及受传输线路影响，导致监控系统不时出现一些突发故障，从而影响矿井施工作业和人身安全。在监控传感器故障期间，相关区域应采用人工监测，对现场有毒有害气体进行实时监测。

煤炭安全监控系统良好的通信线路以及传感器的正常运行，是保证安全监控的前提。例如，传感器连接线被氧化、电缆线路被氧化、现场施工造成线路断线、接线盒松动或者进水、传感器损坏等，是造成监控设备故障的主要原因。

避免安全监控设备（传感器）故障的措施主要有以下 8 点：

1. 传感器故障。由传感器自身故障引起的大数常为元件问题，甲烷传感器的元件现在大多使用载体催化元件和热导元件，两种元件分别作为检测电桥的两臂，另两臂由电阻组成。应对传感器故障产生大数的办法有：

（1）加强监控系统维护，定期更换传感器，煤尘或湿度大的地点不超过 3 个月更换一次传感器；对安全监控设备（传感器）按照说明书的要求，定期送检、标校，保证传感器使用寿命和精度。

（2）加强对施工单位的监管，增强对监控系统的保护意识，避免因碰撞或淋水造成传感器故障。

2. 操作失误。作业人员在维护、挪移传感器时，将传感器的信号线与电源正或负短路，造成线路不通。采取的措施是对各单位施工人员集中培训，强调工作注意事项，接线时要剥一根线压一根线，细心专注，避免短路，避免接线错误。

3. 线缆故障。线缆因挤压或碰撞造成破皮，引起传感器的信号线与电源正或负短路。采取的措施是经常巡查，发现隐患及时处理，井下有人作业的地点，加强线缆维护和高质量吊挂线缆，对老旧线缆和接线盒及时更换（见图 18）。

4. 安全监控设备（传感器）的工作电压范围为9~24V，如果终端设备电压达到某一临界值或者低于工作电压，那么终端设备就会产生多次重启或者无法启动的现象。因此，终端设备输入电压的检测对于传感器断线故障分析至关重要。在设备安装时，应保证供电电压的合理分配。

5. 监控分站和监控设备信号采用电缆传输，与终端设备建立通信连接、运行正常后，信号容易受井下变频器、大型机电设备启停干扰，在大型变频器启停的时候，会造成传感器工作异常或者数据异常，采取的措施是：

图 18　矿井作业地点传输线缆敷设现场

（1）建议使用带屏蔽层的线缆。

（2）线缆敷设和传感器安装时，避开大型机电设备和变频设备。

6. 一根线缆不可带载较多终端设备，特别是带载多个大功率设备。措施是合理分配分站每一条线缆的带载量，避免出现传输堵塞引起的传感器时通时断。

7. 当传输距离较远时，尽量选择24V电压供电，降低每根线缆上的压降，保证每个终端设备输入侧电压均不小于14V，保持供电稳定。

8. 结合并运用矿井安全监控系统中的辅助功能，快速、高效判断处理故障。

（1）电压诊断功能。在上传电源信息的情况下，可以在系统上观测每个传感器的实施工作电压，避免出现因电压不足引起传感器故障。

（2）故障诊断功能。根据监控系统提示，准确判断传感器故障原因。分为传感器故障、断线、中断、二次仪表重启等（见图 19）。

（3）设备动态拓扑图功能，对传感器工作状态以及传输线路，实施动态监测（见图 20）。

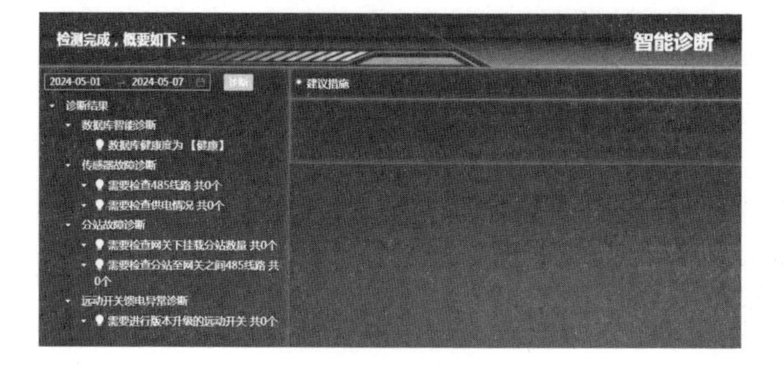

图 19　安全监控系统故障诊断功能

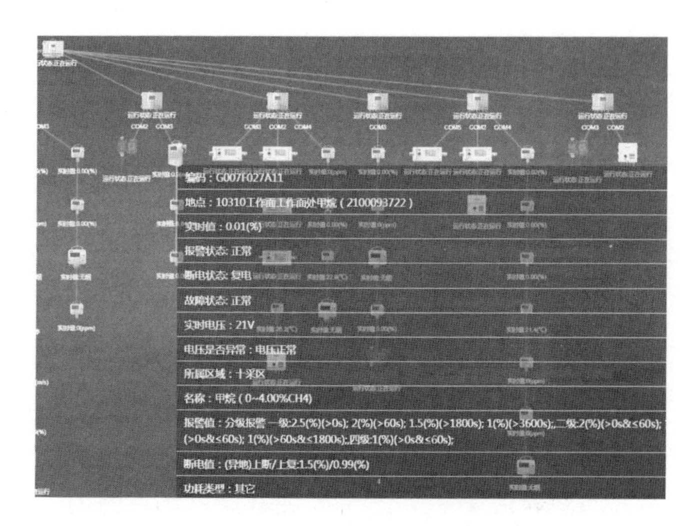

图 20　安全监控设备动态拓扑图

后 记

作为服务于矿井安全生产的职工，在做好本职工作的同时，不断探索和发现问题，解决问题，是我们应尽的职责。我国虽煤炭资源丰富，但开采条件复杂，自然灾害严重，近几年矿井安全事故发生率居高不下。习近平总书记曾多次就安全生产工作发表重要讲话、作出重要指示批示，强调“人命关天，发展决不能以牺牲人的生命为代价。这必须作为一条不可逾越的红线”。

为保障煤矿的安全生产，除进一步加强煤矿安全管理意识外，关键是煤矿安全监测监控系统的运行，形成煤矿井上、井下可靠的安全预警机制和各系统应急联动。所以，当前现代化矿井的生产不仅要解决煤矿生产过程中存在的安全问题、生产自动化问题，还要了解各种与生产经营相关的信息。建立安全生产、调度和管理网络系统，对井上、井下安全生产全面了解，靠及时准确的信息指挥生产和防止各种事故的发生，已成为煤矿设计工作必须解决的问题。

结合自身工作性质，本书针对矿井安全监控设备的安装设计操作法进行了详细阐述。从问题描述、解决方法到运行效果，我们都进行了全面分析。通过不断实践和改进，我们成功提高了安全监控设备的吊挂水平，降低了故障率，保证了矿井安全生产。

安全监控系统行业标准中要求，煤矿安全监控系统应具有伪数据标注及异常数据分析，瓦斯涌出、火灾等的预测预警，多系统融合条件下的综合数据分析，可与煤矿安全监控系统检查分析工具对接数据等大数据分析与应用功能；煤矿安全监控系统应具有在瓦斯超限、断电等需要立即撤人的紧急情况下，可自动与应急广播、通信、人员位置监测等系统应急联动的功能。然而，矿井安全生产是一项系统工程，涉及众多领域和环节。对于工作的完善，技术层面的创新，我们还需继续深入研究，挖掘更多的潜在隐患，采取有效措施，为矿井安全生产提供更强有力的技术保障。同时，我们要认真总结经验教训，不断提高自身业务水平，将先进的技术和理念运用到实际工作中。矿井安全生产责任重于泰山，我们要时刻保持警惕，严密监控，做到防患于未然。面对矿井安全生产的新挑战，我们要勇于创新，不断突破关键技术，提高矿井安全生产水平。

未来，我将继续关注矿井安全监控领域的新技术、新方法，以期为我国矿井安全生产提供更多创新性解决方案。同时，也希望广大矿工兄弟们能够积极参与到矿井安全生产中，共同为矿井安全生产事业献计献策。让我们继续携手共进，为矿井安全生产贡献更多力量，为确保我国矿井安全生产形势持续稳定作出更大贡献。

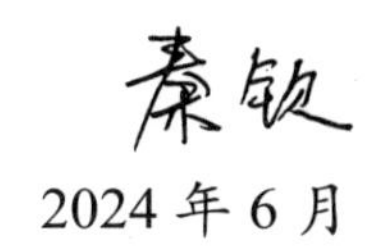

2024 年 6 月

图书在版编目（CIP）数据

秦钦工作法：矿井安全监控设备辅助安装及故障分析处理 / 秦钦著. -- 北京：中国工人出版社, 2024.

ISBN 978-7-5008-8467-5

Ⅰ. TD76

中国国家版本馆CIP数据核字第2024Y60H81号

秦钦工作法：矿井安全监控设备辅助安装及故障分析处理

出 版 人　董 宽
责任编辑　刘广涛
责任校对　张 彦
责任印制　栾征宇
出版发行　中国工人出版社
地　　址　北京市东城区鼓楼外大街45号　邮编：100120
网　　址　http://www.wp-china.com
电　　话　（010）62005043（总编室）
　　　　　（010）62005039（印制管理中心）
　　　　　（010）62379038（职工教育编辑室）
发行热线　（010）82029051　62383056
经　　销　各地书店
印　　刷　北京市密东印刷有限公司
开　　本　787毫米×1092毫米　1/32
印　　张　3
字　　数　34千字
版　　次　2024年8月第1版　2024年8月第1次印刷
定　　价　28.00元

优秀技术工人百工百法丛书

第一辑 机械冶金建材卷

优秀技术工人百工百法丛书

第二辑　海员建设卷